BEI GRIN MACHT SICH IHR WISSEN BEZAHLT

- Wir veröffentlichen Ihre Hausarbeit,
  Bachelor- und Masterarbeit

- Ihr eigenes eBook und Buch -
  weltweit in allen wichtigen Shops

- Verdienen Sie an jedem Verkauf

Jetzt bei www.GRIN.com hochladen
und kostenlos publizieren

Christian Kubat

Internationalisierung, Nachfrage- und Standortentwicklung in der Schiffbauindustrie

GRIN Verlag

Bibliografische Information der Deutschen Nationalbibliothek:

Die Deutsche Bibliothek verzeichnet diese Publikation in der Deutschen National-
bibliografie; detaillierte bibliografische Daten sind im Internet über http://dnb.d-
nb.de/ abrufbar.

Impressum:

Copyright © 2010 GRIN Verlag GmbH
Druck und Bindung: Books on Demand GmbH, Norderstedt Germany
ISBN: 978-3-656-09935-2

Dieses Buch bei GRIN:

http://www.grin.com/de/e-book/184796/internationalisierung-nachfrage-und-
standortentwicklung-in-der-schiffbauindustrie

Internationalisierung, Nachfrage- und Standortentwicklung in der Schiffbauindustrie

Name:
  Christian Kubat

Studiengang:
  Geographie Diplom

Semesterzahl:
  9

Veranstaltung:
  Oberseminar Wirtschaftsgeographie

  „Sektoraler und regionaler Strukturwandel in globaler Perspektive"

Datum:
  21. Januar 2010

Semester:
  WS 2009/10

Inhaltsverzeichnis

1. Einleitung

Durch die Globalisierung und den zunehmenden Welthandel ist ein Transport von Waren um die ganze Welt heute für große Unternehmen und Volkswirtschaften wichtiger denn je. Heutzutage bilden unterschiedliche Schiffe bilden dabei die günstige Möglichkeit, eine große Zahl von Materialien und Gütern von A nach B zu bringen. Der Markt für den Neu- & Umbau von Schiffen ist dabei hart umkämpft und befindet sich erstaunlicher Weise in einer starken und kurzlebigen Dynamik.

Auf der einen Seite ist für Reedereien der Preis ihrer Neubestellungen relevant, weswegen Preisvorteile mancher Länder zu einem „Nachfrageboom" in bestimmten Regionen führen. Auf der anderen Seite stellen bestimmte Schiffstypen hohe Anforderungen an die Werftstandorte und können nicht überall aus dem Nichts heraus produziert werden. Zudem wurde und wird die Schiffbauindustrie in zahlreichen Nationen als Schlüsselindustrie zur Entwicklung der Binnenwirtschaft genutzt, was politische Entscheider veranlasst, durch staatliche Hilfen den Wettbewerb zu verzerren. Diese Arbeit durchleuchtet nach einem allgemeinen und historischen Einstieg die globale Entwicklung der Schiffbauindustrie mit ihren Ursachen, sowie den Verschiebungen der Schwerpunktregionen und den dazugehörigen Intensivierungs- und Anpassungsstrategien. Des Weiteren wird beschrieben, wie sich die Nachfrage bis zum Jahr 2009 entwickelt hat und welches die Bestimmungsfaktoren und Gründe für eine etwaige Dynamik bei Bestellungen von Schiffen waren. Nachdem die weltweite Verflechtung zwischen Angebot und Nachfrage diskutiert wird, bildet ein Exkurs über die Abwrackindustrie den Abschluss dieser Arbeit.

2. Schiffbau

Das Kapitel Schiffbau befasst sich zunächst mit einer kurzen Beschreibung der schiffbaulichen Geschichte. In dessen Anschluss werden die Hauptschiffstypen aufgezählt und dargestellt. Dabei wird vermittelt, wie hoch der Grad der Komplexität bei der Konstruktion des jeweiligen Typs ist. Abschließend wird der Schiffbauprozess in seinen Einzelschritten bündig erläutert.

2.1   Geschichte

Die Geschichte des Schiffbaus soll im Folgenden kurz
abgerissen sein, um einen Eindruck über die Art und
Geschwindigkeit der Entwicklung zu liefern. Indirekte
Nachweise belegen eine hochsehtaugliche Schifffahrt
bereits vor 40.000 Jahren. Erstmalig nachweisbar
hingegen setzten die Ägypter Schiffe zur Fahrt im Nil

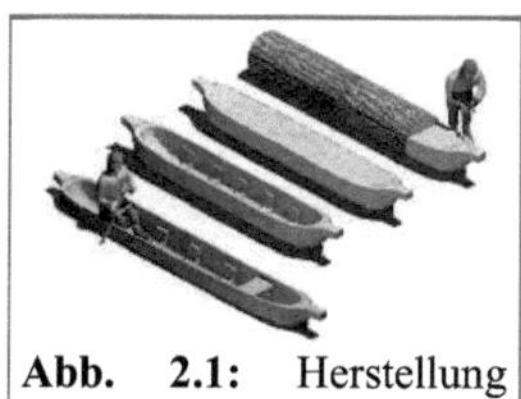

Abb.   2.1:   Herstellung
eines Einbaums (Nagel 2005)

ein, gefolgt von den Griechen, die den Schiffbau stark weiterentwickelten. So war
für Fahrten im Mittelmeer eine erhöhte Stabilität erforderlich und es bedurfte
aufgrund von Handel dickbauchiger Schiffe. Um 200 v. Chr. verlagerte sich der
Platz, an dem die Schiffe gebaut wurden. Die zunächst lediglich am Strand
gefertigten Fahrzeuge wurden nun allmählich auch in Werften und Trockendocks
hergestellt, wobei diese wiederum trotzdem am Strand lagen. Nach der Eroberung
Karthagos durch die Römer, welche den karthagischen Schiffbau kopiert und
ergänzt hatten, war der römische Schiffbau technologieführend, während die
Griechen zur gleichen Zeit jedoch auch größere Schiffe bauten. Die Kraft für die
Fortbewegung fand zu Beginn der Schifffahrtsgeschichte lediglich mittels Rudern
statt und wurde später durch die Nutzung von ein oder mehreren Segeln ersetzt. Die
Erfindung der Geschützluken in mehreren Reihen an der Seite der mediterranen
Schiffe machte diese Entwicklung notwendig, da es nun kein Platz mehr für die
Ruder gab. Im darauf folgenden Mittelalter gab es zwei getrennte
Entwicklungslinien im Schiffbau. So wurde in der Mittelmeerregion die römische
Tradition fortgesetzt, während man im Norden Europas völlig anders konstruierte.
Typisch für den Norden waren zunächst symmetrische Schiffe, bei denen Bug und
Heck gleich waren, sowie die Klinkerbeplankung. Neben Langschiffen für
militärische Zwecke wurden auch bauchigere Handelschiffe durch die Wikinger
gefertigt. Gegen Ende des Mittelalters kam es zur Vermischung der europäischen
Traditionen. Die mit der Industrialisierung einsetzende Nutzung von
Dampfmaschinen zum Antrieb der Schiffe und die Verknappung des rar gewordenen
Krummholzes[1] führte zum verstärktem Einsatz von Eisen (insbesondere genieteten
Eisenplatten) beim Schiffbau, welches ab ca. 1890 durch den leichteren Stahl ersetzt
wurden (Ovidio Limited).

---

[1] Krummholz ist eine der vier Formen von „original" gewachsenen Holzteilen aus der Kiefer, die
dementsprechend durch Biegen nicht nachgeformt, sondern nur noch geschliffen werden müssen. Weitere
Holzteile sind Knie (rechter Winkel), Geradholz und Gabelholz (Mondfeld 2007)

Während erste Wasserfahrzeuge lediglich ausgehöhlte Baumstämme waren, die dementsprechend als Einbäume bezeichnet werden (vgl. Abb. 2.1), ist das derzeit größte Schiff die nicht mehr im Dienst befindliche „Jahre Viking" mit einem Fassungsvermögen von 652 Mio. Litern Rohöl, einer Breite von 68,8m

Abb. 2.2: Die „Jahre Viking" (BÜCHNER 2007)

und einer Länge von 458m (vgl. Abb. 2.2; BÜCHNER 2007).

2.2 Schiffstypen

Der kostengünstige Meerestransport verschiedener Güterarten erfordert die Produktion und den Einsatz unterschiedlicher Schiffstypen, deren Haupttypen im Folgenden nach EUROPEAN COMMUNITY (2003b, S. 2ff.) kurz aufgezählt und beschrieben werden. Das Wissen darüber ist entscheidend bei der späteren Diskussion um die Spezialisierung der einzelnen Schwerpunktregionen im Schiffbau. Abzüglich der Passagierschiffe ist zu jedem Typ ein beispielhafter Querschnitt des Mittelschiffs in Abb. 2.3 dargestellt, dessen rosafarbene Einfärbung den Güter- bzw. Ladebereich abbildet.

Der Transport von Öl wird durch den Einsatz von *Tankern* durchgeführt, die ab einer bestimmten Größe als VLCC oder ULCC (Very / Ultra Large Crude Carrier) bezeichnet werden. Sie zeichnen sich durch eine besondere Ausrüstung der Be- und Entladungsanlagen und der Maschinenräume aus, sowie der hohen Verwendung von Stahl bei der Konstruktion.

Beim Transport von Massengütern wie Erz oder Kohle kommen *Massengutfrachter* (bulk carrier) zum Einsatz. Sie sind relativ simpel ausgerüstet und einfach zu montieren, erfordern bei der Konstruktion ebenfalls eine große Menge an Stahl.

Containerschiffe haben meist eine lange, schlanke Struktur und eine Krümmung des Rumpfes in der Längsachse. Im Vergleich zu Tankern und Massengutfrachtern ist der Einsatz von Stahl noch höher und die Ausstattung wesentlich komplexer. Die teilweise ergänzende Bezeichnung „Panamax" bedeutet, dass dieses Schiff gerade noch durch die Schleusen des Panamakanals passt. Ist die Schiffskonstruktion noch größer, werden diese Schiffe als „Post Panamax" bezeichnet. Die Bezeichnung wird teilweise auch auf andere Schiffstypen angewandt.

Grundsätzlich kleiner als die bisherigen Schiffstypen sind **Chemie-Tanker**, deren Laderäume und Pumpsysteme sehr komplex sein können. Während die sonstige Ausstattung nicht zu kompliziert ist, müssen bei der Konstruktion bestimmte Beschichtungen und Materialien eingesetzt werden, was zusätzliches Know-how erfordert.

Beim Transport von flüssigem, petrochemisch erzeugtem Gas kommen **Liquid Petroleum Gas (LPG) Tanker** zum Einsatz. Die einfach zu konstruierende Hülle umschließt die Tanks, welche aus hochfestem Niedrig-Temperatur-Stahl gefertigt werden. Die Komplexität der Konstruktion ist ähnlich der des Chemie-Tankers.

Gas aus natürlichen Vorkommen wird in **Liquid Natural Gas (LNG) Tankern** transportiert. Hier unterscheidet man zwischen dem „spherical type" und dem „membrane type". Ersterer transportiert das Gas in riesigen, kugelförmigen Behältern, die fast Schiffsbreite haben und zur Hälfte über dem Deck aufragen. Beim zweiten Typ befindet sich das Gas in einem länglichen Tank im Bauch des Schiffes. Die Systeme zur Kontrolle, sowie Be- und Entladung der Gase sind sehr komplex, weswegen der Bau nur einer kleinen Anzahl von Schiffbauern erlaubt ist und während der langwierigen Konstruktion strenge Qualitätskontrollen durchgeführt werden.

Automobile werden hauptsächlich in sog. **Roll-on Roll-Off (RoRo) Schiffen** transportiert. Merkmale sind der hohe Stahlanteil in den Decks und Seiten, sowie ein anspruchsvolles hydraulisches Fahrzeug-Zufahrts-System, bestehend aus Türen und Rampen.

Bestimmte **Personenfähren** werden bei entsprechender Ausstattung ebenfalls als RoRo-Fähren bezeichnet. Generell zeichnen sie sich im Vergleich zum Stahleinsatz durch einen hohen Ausstattungsgrad aus, wobei die hohe elektrische Nachfrage und Geschwindigkeit zu einem beträchtlichen Energiebedarf führen. Der Bau solcher Schiffe ist komplex und dauert lang.

Das im Vergleich zum Stahleinsatz höchste Ausstattungslevel haben **Kreuzfahrtschiffe**. Bei der Konstruktion kümmern sich in der Regel spezialisierte Unternehmen nur um den Bereich, der für die Öffentlichkeit zugänglich ist, da dieser mit dem üblichen Schwerindustrieschiffbau wenig zu tun hat. Die komplexen Systeme des Schiffes sind von den Passagierräumen weitgehend abgeschottet. Ähnlich wie bei Fähren ist der Energieverbrauch aufgrund der Nachfrage nach

Elektrizität und Geschwindigkeit sehr hoch. Der Bau solcher Schiffe ist zeitaufwändig und komplex.

Neben diesen Hauptschiffstypen gibt es noch weitere Typen wie Viehtransporter, Stückgutfrachter, Forschungsschiffe, Eisbrecher, Fischereifahrzeuge und andere Arten, jedoch spielen diese in der globalen Schiffbauindustrie nur eine untergeordnete Rolle.

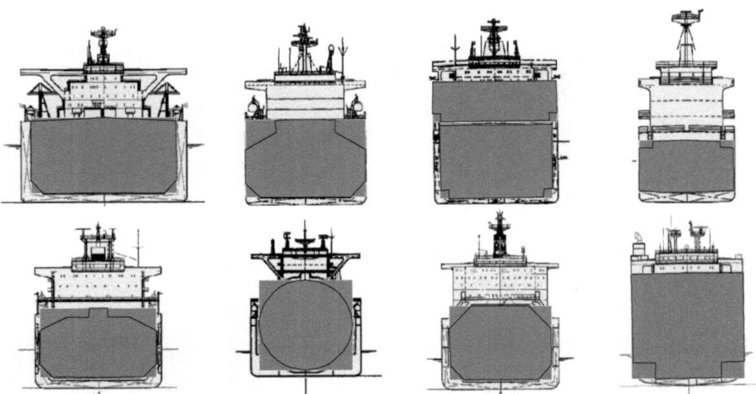

Abb. 2.3: Schiffstypen im Vergleich, 1. Reihe v. l. n. r.: Tanker, Massengutfrachter, Containerschiff, Chemie-Tanker, 2. Reihe v. l. n. r.: LPG Tanker, LNG Tanker „spherical", LNG Tanker „membrane", RoRo Fähre (verändert nach EUROPEAN COMMUNITY 2003b, S. 1ff.)

2.3 Produktionsprozess

Bevor ein Schiff gebaut werden kann, muss es zunächst entsprechend seiner Bestimmung entworfen werden. Dabei sind Entwurfsdaten wie die Geschwindigkeit, die Ladekapazität und das künftige Fahrgebiet sehr wichtig. Anhand dieser Daten wird die Hauptabmessung eines Schiffes festgelegt. Die folgende Montagearbeit ist in Abb. 2.4. am Beispiel der Volkswerft Stralsund exemplarisch dargestellt. Nach dem Entwurf werden entsprechend diesem dicke Stahlplatten mit automatischen Brennschneidemaschinen zu Recht geschnitten. Schneidearbeiten, die Arbeit in großen Höhen und das Bewegen von enormen Mengen an Material können die Konstruktion zum Teil sehr gefährlich machen. Schiffbauarbeiter schützen sich mit Sicherheitsnetzen, Helmen und speziellem Schuhwerk (JAPAN TRANSPORT PROMOTION ASSOCIATION, 2008).

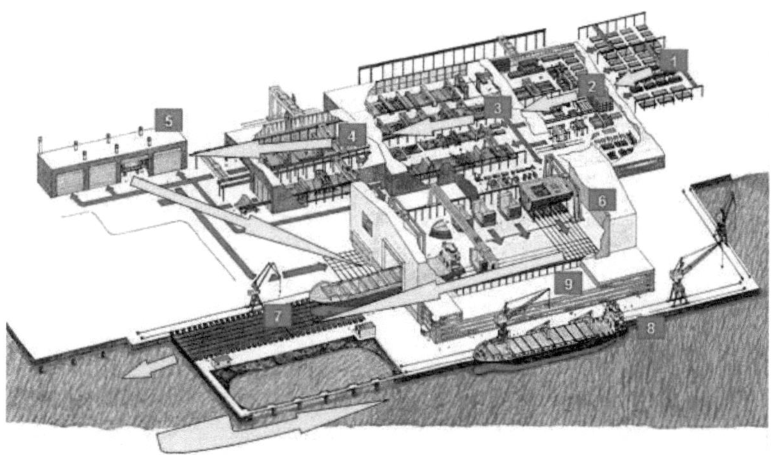

Abb. 2.4: Produktions- und Materialfluss-Schema der Volkswerft Stralsund mit 1: Stahllager, 2: Teile-Fertigung, 3: Paneel-Produktion, 4: Blockmontage, 5: Konservierung, 6: Endmontage, 7: Schiffslift, 8: Ausrüstungskai und 9: Ausrüstungszentrum (Volkswerft Stralsund GmbH)

Das Schneiden findet nach dem Lackieren mit Korrosionsschutz statt. In der Meyer-Werft in Papenburg werden die Platten in einer Plasmabrennanlage zugeschnitten und zu Paneelen (Decks) zusammengeschweißt. Die Paneele wiederum werden zu Sektionen verbunden, die bereits eine grundlegende Ausrüstung (Elektrik, Leitungen) aufweisen. Sieben Sektionen werden dann zu einem Block kombiniert, d.h. verschweißt und verkabelt. Bis zu 65 Blöcke, die jeweils wiederum bis zu 800 Tonnen wiegen können, bilden zusammengesetzt den Schiffskörper (vgl. Abb. 2.5; Meyer Werft, 2010).

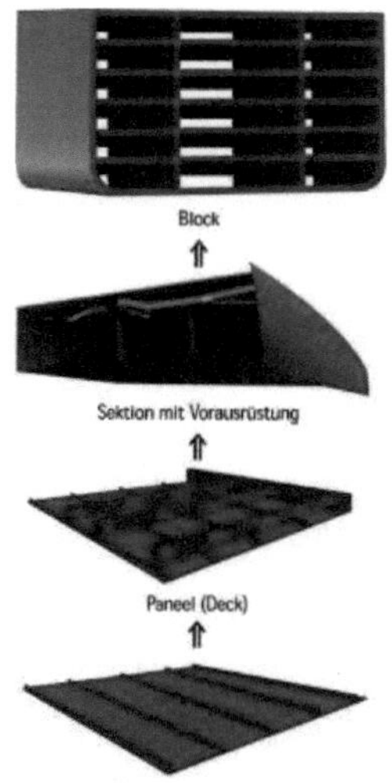

Abb. 2.5: Das Blockbau-Bauprinzip (Meyer Werft 2010)

Das zusammengesetzte Schiff kann nun zeremoniell den Stapellauf vollziehen, nachdem es kurz vor dieser ersten Berührung mit Wasser seinen Propeller bekommen hat. Bei der Taufe wird Champagner gereicht und für die Sicherheit des Schiffes und der zukünftigen Fahrer gebetet. Der Bau des Schiffes ist dann jedoch noch nicht beendet. Am Ausrüstungskai erhält das Schiff seine restliche Ausstattung, wie z.B. die Hauptmaschine, das Ladegeschirr, die Kabinen für die Crewmitglieder und andere Aufbauten. Nach dem Einbau von Radaranlagen und der

Funkanlage im Führerstand kann das Schiff getestet und anschließend der Rederei übergeben werden (Japan Transport Promotion Association, 2008).

3. Standortentwicklung

Das Kapitel Standortentwicklung befasst sich nachstehend mit der Entwicklung der bedeutendsten Schwerpunktregionen der globalen Schiffbauindustrie. Nachdem die globale Marktentwicklung der letzten 60 Jahre dargestellt wird, erfolgt eine detailliertere Beschreibung der einzelnen Regionen in Bezug auf ihre Entstehung und Etablierung als bedeutende Schiffbaunationen und die Aufschlüsselung der entsprechenden Gründe dafür. Anschließend werden diese Gründe der Marktverschiebung und Internationalisierung noch einmal zusammengefasst und in Beziehung zur Produktzyklustheorie gesetzt. Deren Nachfrageaspekt leitet sich in das anschließende Kaptitel Nachfrageentwicklung über.

3.1 Entwicklung der Marktanteile

In der Geschichte des industriellen Schiffbaus hat es enorme Standortverlagerungen gegeben. Zum Beginn des 19. Jahrhunderts, als die Schiffe noch aus Holz gebaut wurden, war die USA die führende Schiffbaunation. Mit dem Einsetzen der Industrialisierung und der Verwendung von Stahl nahm Großbritannien eine immer stärker werdende Rolle ein. Dabei kontrollierte es 1882 sogar 80% des Weltmarktes in dieser Branche und war bis 1945 an führender Stelle (Hassink 2006, S. 62). Nach dem zweiten Weltkrieg wechselte das Zentrum des Schiffbaus Richtung Kontinentaleuropa und breitete sich dort aus, forciert durch die wirtschaftlichen Entwicklungsschübe nach dem Krieg. Seit den 1950er Jahren nahmen die Marktanteile Europas am Schiffbau jedoch sukzessiv ab. Japan wurde ab diesem Zeitpunkt ein zunächst immer stärker werdender Marktteilnehmer und übertraf in den späten 1960er Jahren die Branchenwerte von Europa. Nur ein knappes Jahrzehnt später wurde Südkorea eine wichtige internationale Schiffbau-Industrienation, welche Mitte der 1980er Europa auf Platz drei verdrängte und schließlich im Jahr 2000 auch den rückläufigen Werten von Japan überlegen war, wodurch es zum Marktführer avancierte. Kurz nach dem eben erwähnten Markteintritt von Südkorea nahm nämlich der Anteil des japanischen Schiffbaus wieder ab, nachdem er in den frühen 1980er Jahren mit ca. 50% seine Spitze erreicht hatte. China ist ebenfalls seit den späten 1970er Jahren im Schiffbau tätig, weißt aber bis zur Jahrtausendwende kein vergleichbares Wachstum wie Südkorea auf (EICH-BORN 2005b, S. 102). Die Abbildung 3.1 stellt die eben beschriebene Entwicklung von 1950 bis 2001 graphisch dar.

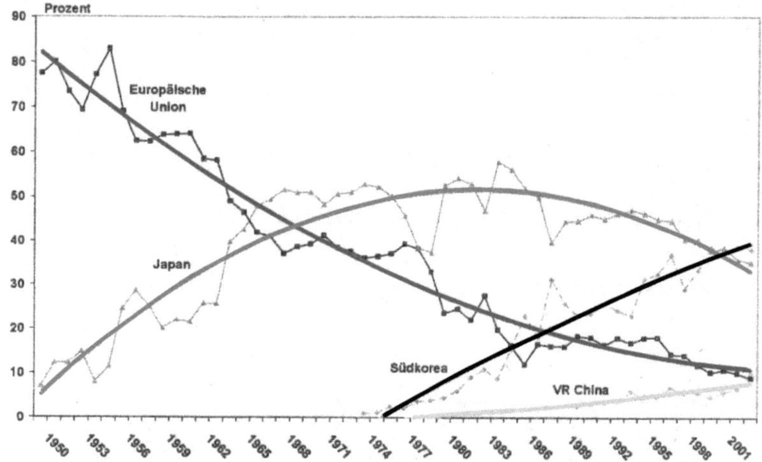

Abb. 3.1: Schiffbau: Entwicklung der Weltmarktanteile zwischen EU-15, Japan, Südkorea und China (1950-2003 in % von BRZ) (EICH-BORN 2005b, S. 102)

Die Trends haben sich seit dem Jahr 2001 nicht grundlegend verändert. Europa[2] hat genau wie Japan drastisch Marktanteile einbüßen müssen, während Südkorea und China stark expandieren konnten. Bezugnehmend auf die Menge der 2008 fertiggestellten Schiffe in GT[3] Schiffen liegt Südkorea mit 38,9% auf Platz eins der Produzenten, gefolgt von Japan (27,8%) und China (20,4%). Die EU-15 hat nur noch einen Marktanteil von 5,3%, hingegen es 60 Jahre früher noch über 80% waren (eigene Berechnungen nach VSM 2009, S. 72). Bezogen auf die Erweiterung der Europäischen Union hatte die EU – 27 im Ende 2008 einen Anteil von 7,3% an der Weltschiffbauproduktion (vgl. Abb. 3.2).

---

[2] zum besseren Vergleich wird bis 2008 die EU-15 dargestellt
[3] gross tonage: die Bruttoraumzahl gibt das Ladungsvolumen eines Schiffes an (Eich-Born 2005, S. 54)

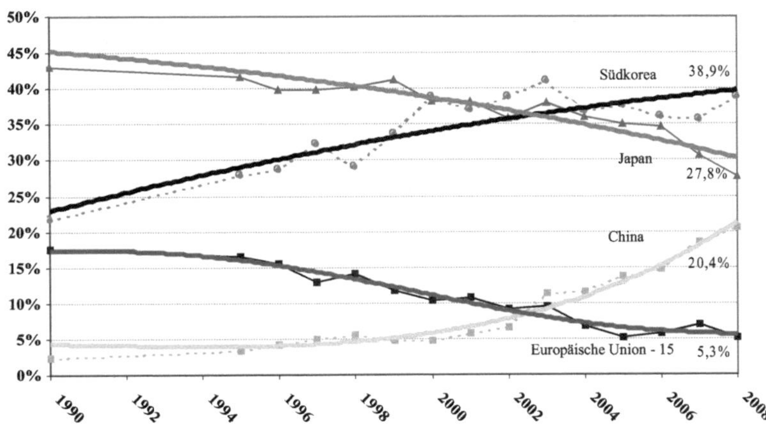

Abb. 3.2: Schiffbau: Entwicklung der Weltmarktanteile zwischen EU – 15, Japan, Südkorea und China (1990–2008 in % von GT fertiggestellter Schiffe) (eigene Berechnungen nach VSM 1998-2009)

3.2 Entwicklung der Schwerpunktregionen

Die im vorherigen Abschnitt dargestellten Schwerpunktregionen Japan, Südkorea, China und Europa werden im Folgenden hinsichtlich ihrer schiffbaulichen Entwicklung bzw. Anpassung im globalen Markt vorgestellt. Auf Europa und Südkorea wird aufgrund der (einstigen) Marktführerschaft etwas näher eingegangen.

3.2.1 Japan

Die japanische Schiffbauindustrie beginnt in den 1950er Jahren mit dem sog. „Shipbuilding Law" des Ministry of Transport (MoT) an internationaler Bedeutung zu gewinnen. Der hohe Produktionszuwachs ist vor allem durch die damalig starke inländische Nachfrage in allen Segmenten des Schiffbaus zu erklären. Begründet ist dieser erhöhte Bedarf durch die im zweiten Weltkrieg vollständig zerstörten Flotte, der Rohstoffarmut und der großen Entfernung zu anderen Märkten, sowie die Insellage mit zahlreichen Naturhäfen. Im Laufe der Entwicklung kam es zu einer gewollten Zweiteilung in einen technologieintensiven, auf große Schiffe spezialisierten Zweig und den Bereich typischer Standardschiffe in mittlerer Größe. Gefördert wurde das Wachstum durch Steuererleichterungen bei Investitionen, günstige Exportkredite (seit 1969 eingeschränkt), Baukostenzuschüsse, sowie nationale Schiffbauprogramme, welche Zuschüsse an Reedereien mit einer Auflage zur Nutzung inländischer Werften verknüpften (EICH-BORN 2005b, S. 105). In den 1970er Jahren koordinierte das MoT die Schiffbauindustrie neu und leitete einen Konzentrationsprozess ein. Zudem forcierte es die technologieintensive Entwicklung und verlagerte so den Produktionsschwerpunkt bei manchen Betrieben von Massengutschiffen zu technisch spezialisierte Fahrzeuge. Seit den 1990er Jahren werden FuE-Projekte gefördert, die von der Privatwirtschaft nicht alleine getragen werden können. Beispiele dafür sind Doppelhüllentanker[4], Hochgeschwindigkeitsschiffe, Passagierschiffbau und Propellerherstellung. Die hier deutlich gewordene, langfristig forcierte Entwicklung der Schiffbauindustrie unter politischer Federführung wird auch als *industrial targeting* bezeichnet (HESELER 2000, S. 2).

Trotz der Entwicklung für den Bau von ausstattungsintensiven Schiffen ist die Massenproduktion ein Standpfeiler der japanischen Schiffbauindustrie. Strategien der Standardisierung, sowie Bündelung von Beschaffungsinteressen durch Eingliederungen von Stahlwerken an Werften führen zu vorteilhaften Kostenvorteilen. Diese wurden jedoch zur Jahrtausendwende durch einen starken Yen, hohe Stahlpreise und ein aggressives Vordringen Koreas relativiert, weswegen Japan zu diesem Zeitpunkt die Marktreiterrolle verlor (EICH-BORN 2005b, S. 107).

Am 31. Dezember 2008 lagen der japanischen Schiffbauindustrie die in Abbildung 3.3 gezeigten Auftragseingänge vor. Deutlich zu sehen ist die Dominanz an einfach zu konstruierenden Massengutschiffen (43%) – ein Indiz für das Setzten auf Skalenerträge bei der Fertigung und eine Ausweichstrategie gegen die koreanischen Dumpingpreise für Containerschiffe. Im Ganzen wurden Schiffe mit einer Gesamtzahl von 30,6 Mio. CGT[5] geordert.

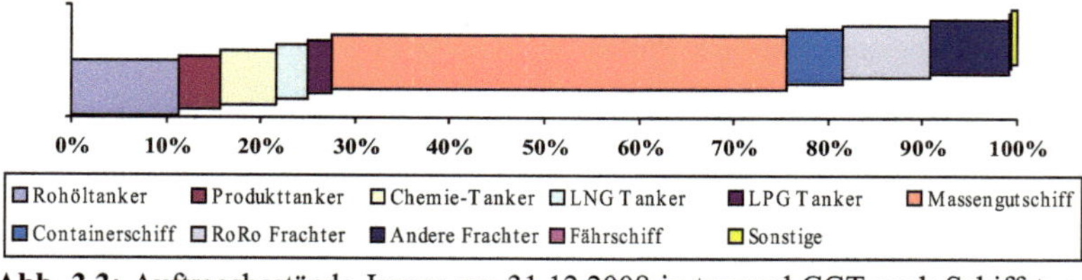

Abb. 3.3: Auftragsbestände Japans am 31.12.2008 in tausend CGT nach Schiffstyp

---

[4] Nach dem Beschluss der Internationalen Seeschifffahrts-Organisation (IMBA) dürfen seit 1993 nur noch Doppelhüllentanker gebaut werden und die bestehende Flotte muss zwischen 2005 und 2010 sukzessiv umgerüstet werden (IMO 2002)

[5] compensated gross tonnage: die mit dem schiffbaulichen Arbeitsaufwand gewichtete Schiffsgröße (HASSINK 2006, S. 63)

(e. D. Darstellung nach VSM 2009, S. 77)

Aufgrund der Marktverluste wird bis 2010 von den zuletzt sieben großen Schiffbauunternehmen eine Reduktion auf drei oder vier erfolgen, verbunden mit Umstrukturierungen und Ausgründungen von Teilbereichen. Trotz der Effizienzsteigerung und den damit verbundenem sinkenden Arbeitskräftebedarf wird es wegen der Überalterung der jetzigen Arbeiter zu einem Nachwuchsmangel an qualifizierten Arbeitern kommen, verstärkt durch die öffentliche Meinung, dass in Japan Schiffbauarbeiten als gefährlich und schmutzig gelten (ebenda, S. 108).

3.2.2   Südkorea

In Südkorea wurde auch die *industrial targeting* Strategie angewandt, jedoch unter anderen Anfangsbedingungen. Historisch betrachtet hatte sich der Schiffbau immer in den Ländern entwickelt, wo die Nachfrage im Inland aufgrund der Beteiligung am internationalen Handel recht hoch war. Südkorea wollte jedoch nicht eine eigene Flotte aufbauen, sondern anhand von Deviseneinnahmen die Industrialisierung der Nation einleiten. Angefangen hat der Aufbau der Branche mit dem dritten Fünfjahresplan (1972) zu Zeiten der Schiffbaukrise in den 1970er Jahren. Vor diesem Zeitraum gab es dort so gut wie keinen Schiffbau (HASSINK 2006, S. 62f.). Der durch den „Entwicklungsstaat" erzwungene Prozess führte durch die Identifizierung des Schiffbaus als Schlüsselindustrie in Zeiten geringer Nachfrage[6] zu enormen Überkapazitäten. Nach japanischem Vorbild wurden Mischkonzerne erzeugt, die mit 60-70% eine hohe Abhängigkeit an der Sparte Schiffbau aufweisen. Dabei produzieren heute fünf Werften 95% des gesamten Schiffausstoßes. Das Kapital zum Aufbau wurde am internationalen Kapitalmarkt aufgenommen, wozu auch Entwicklungsgelder zählen sollten. Zudem galten wie in Japan günstige Zinsbedingungen und Exportkredite als Motor der Entwicklung, die zunächst nicht Profit und Rentabilität stärkten, sondern im Gegenteil „nur" den Ausbau von Marktanteilen beschleunigen sollten. Diese aggressive Investitionspolitik wurde bis in die 1990er Jahre betrieben. Neben der finanziellen Begünstigung verhalfen auch der Technologie-Import aus der ganzen Welt, die Abschottung des Binnenmarktes

---

[6] „der Aufbau und die Expansion des koreanischen Schiffbaus vollzog sich auf einem stagnierenden, zeitweilig sogar schrumpfenden Markt" (HESELER 2000, S. 2)

und die niedrigen Lohnkosten dazu, die Entwicklung voranzutreiben (Eich-Born 2005b, S. 109f.).

Problematisch war die Reaktion auf Nachfragerückgänge, die nicht im Kapazitätsabbau mündeten, sondern Produktivitätssteigerungen nach sich zogen, die den Schiffbau zunächst wieder rentabel machten. Dadurch kam es fataler Weise zum nochmaligen Kapazitätsausbau in Zeiten geringer Nachfrage und damit zu einem Preisgefälle. Dies führte während der Asienkrise[7] unweigerlich zu Konkursen in der südkoreanischen Schiffbauindustrie, jedoch konnte durch Finanzhilfen (auch IWF mit 57 Mrd. US-Dollar) eine größere nationale Krise abgefedert werden. Durch Niedrigpreispolitik konnte Südkorea (nach Auftragseingängen) im Jahr 2000 Japan als Marktführer ablösen, was wenig später in höheren Fertigungszahlen resultierte (vgl. Abb. 3.2). Möglich wurde dies durch Währungsfluktuationen, geringe Zinsen, reduzierte Arbeitskosten, Produktivitätssteigerungen, sowie geringere Materialkosten. Um die Jahrtausendwende wandelte sich das Spezialisierungsspektrum zum technologieintensiven Schiffbau von Containerschiffen, RoRo-Fähren und LNG/LPG-Frachtern, auch in VLCC-Format (vgl. Kap. 2.2), also dem ursprünglich eher europäischem Geschäftsfeld (ebenda, S. 111ff.).

Der Erfolg des südkoreanischen Schiffbaus muss jedoch nicht allein auf die großzügigen Finanzierungshilfen durch die Regierung zurückzuführen sein. Zwar wirft die Europäische Union der südkoreanischen Regierung unfaire Wettbewerbspraktiken vor, wie etwa Dumpingpreise, Schuldenerlasse und wettbewerbsverzerrende Finanzierungshilfen. Dies wird jedoch seitens der Koreaner abgestritten und vielmehr darauf verwiesen, dass der große Erfolg der Schiffbauindustrie durch die kostengünstige Zulieferbasis, die Abwertung des Wons und die Technologieführerschaft bedingt ist. Es stellt sich also die Frage, ob die Wettbewerbsvorteile auch, bzw. eher mit der Existenz eines innovativen Produktionsclusters zusammen hängen[8]. Wie oben erwähnt erfolgte der Auf- und Ausbau der Industrie in der Anfangsphase mit Hilfe von staatlichen Investitionen und finanziellen Begünstigungen. Dabei wurden nur ausgewählte große

---

[7] Die Währungs- und Kreditkrise in Asien in den späten 1990er Jahren wurde unter anderem durch ignorante Kreditvergaben in Verbindung mit dem Abzug von ausländischem Kapitals ausgelöst. Ausgangspunkt war die Entkopplung der thailändischen Währung Baht vom US-Dollar (Dieter 2000).

[8] innovativer Produktionscluster: Gruppe von räumlich konzentrierten Unternehmen, Zulieferern, Dienstleistungsunternehmen und Forschungseinrichtungen, die durch Kooperation und Konkurrenz einen entscheidenden auf Innovationskraft basierten Wettbewerbsvorteil haben (Hassink 2006, S. 63)

Familienunternehmen, die sog. *Chaebol*[9] unterstützt. So sind heute allen voran Hyundai, aber auch die anderen *Chaebol* Daewoo und Samsung die derzeit größten Schiffbauindustrien der Welt. Die Werften beschränken sich seit dem Beginn des *industrial targeting* auf die südöstliche Provinz Gyeongnam. Die Standorte wurden aus physisch-geographischen, politischen und regionalistischen Gründen gewählt. Der Bau und die Planung der Werftstandorte in den 1970ern wurden in enger Zusammenarbeit mit der Zentralregierung ausgeführt. Aufgrund der anfangs nur schwach entwickelten Zulieferindustrie bestand eine starke Abhängigkeit von Importen und es bildeten sich zunächst keine auf endogene Kräfte beruhenden Industriedistrikte. Bis in die Mitte der 1980er fand die Lenkung der monostrukturellen Komplexe durch die *Chaeobol* und die Zentralregierung im Norden des Landes statt und es gab keine Vernetzung mit lokalen Kunden, Zulieferern oder Institutionen, wie z.B. Hochschulen (HASSINK 2006, S. 63ff.).

Durch die Auslagerung von Produktionsschritten, den Verkauf von Geschäftsbereichen und zahlreichen Ausgründungen kam es zum starken Ausbau der Zulieferindustrie, ergänzt durch den Aufbau einer Infrastruktur für Forschung und Entwicklung (FuE). Nachdem die südkoreanische Werftindustrie zum Beginn seiner Schiffbautätigkeiten noch stark importabhängig war, werden heute 75% der benötigten Komponenten, wie z.B. Schiffsmotoren oder Stahl aus dem eigenen Land bezogen. Im Bereich der Schiffselektronik hat z.B. Samsung heute beste Zulieferbedingungen. Zum Glück für die europäischen Werften gibt es aber bisher noch zahlreiche Defizite in manchen Bereichen, wie z.B. für hochwertige Schiffbausegmente im Forschungs- oder Luxuspassagierschiffbau.

Durch das Outsourcing von Produktionsschritten und die stark wachsende Zahl der kleinen Unterauftragsnehmerfirmen in direkter oder unmittelbarer Nähe konnte der Einfluss von Gewerkschaften und die Arbeitskosten gesenkt werden. Dabei wurden zunächst einfache, später auch hochqualifizierte Arbeitsplätze ausgelagert.

Die Entwicklung führte zu aufgebauten, technologischen Kompetenzen im Bereich von FuE sowohl in Unternehmen als auch an Universitäten und Forschungseinrichtungen. Mit geringerer Abhängigkeit von ausländischer Hilfe und der Entstehung von eigenen FuE-Zentren ist eine Verbesserung vor allem in den Bereichen Automatisierung, der Robotproduktion und der Schweiß-, sowie Anstreichtechnik angestrebt. Gefördert wird dies durch die intensive Zusammenarbeit der Werften mit den auf Schiffbautechnik spezialisierten

---

[9] Chaebol: großes Familienunternehmen, dass gekennzeichnet durch hierarchischen, zentralistischen und autoritären Führungsstil (ebenda, S. 63)

südkoreanischen Universitäten. Eine Intensivierung der Forschungskooperation der Werftenunternehmen untereinander soll die Innovationskraft bestärken, obwohl die Betriebe in anderen Bereichen aufs Schärfste konkurrieren. Neben den hilfreichen und großzügigen Anfangsbedingungen unter exogener Steuerung vollzieht sich in der südkoreanischen Werftindustrie also auch ein Wandel hin zu einem Schiffbaucluster mit lokaler und regionaler Wirtschafts- und Innovationsförderung (HASSINK 2006, S. 65ff.).

In Abbildung 3.4 sind die Auftragsbestände vom 31. Dezember 2008 für den südkoreanischen Schiffsbau aufgeschlüsselt. Im Vergleich zu Japan ist der komplexere Containerschiffbau prozentual dominant (31%), gefolgt von einfachen Massengutschiffen (21%) und wiederum umfassender ausgestatteten Rohöltankern (16%). Die Gesamtbestellmenge lag bei 64,36 Mio. CGT (eigene Berechnungen nach VSM 2009, S. 77).

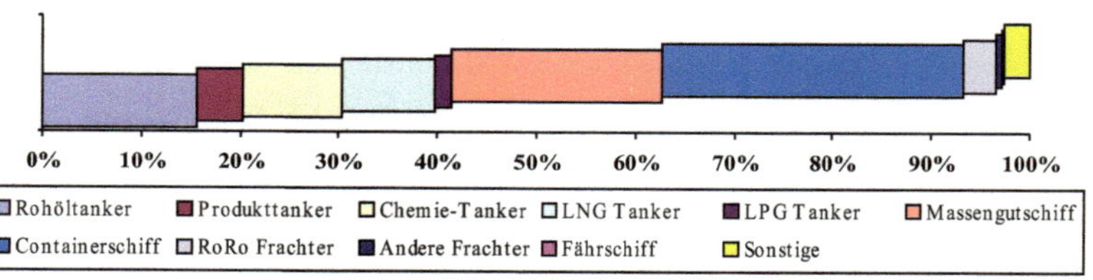

Abb. 3.4: Auftragsbestände Südkoreas am 31.12.2008 in tausend CGT nach Schiffstyp (e. D. nach VSM 2009, S. 77)

3.2.3 China

Die wirtschaftliche Geographie Chinas ist gekennzeichnet durch eine grundlegende Disparität. Während im Norden und Westen Nahrungsmittel hergestellt und Rohstoffe abgebaut werden, vollzieht sich der Industrialisierungsprozess überwiegend in der südlichen Küstenregion. Hierbei spielt die Binnen- und Küstenschifffahrt eine bedeutende Rolle zum Transport der Güter, so ist die China Ocean Shipping Corporation (COSCO) mit 600 Schiffen eines der größten Schifffahrtsunternehmen der Welt. Der 1978 in Kraft getretene 10-Jahresplan bewirkte unter anderem den Ausbau der Schifffahrt und Schifffahrtindustrie. In den 90er Jahren wurde die Branche ähnlich wie in Japan oder Südkorea Bestandteil einer *industrial targeting* Politik mit starker Expansion und höheren Exportraten. Aufträge werden durch die staatliche Chinese State Shipbuilding Corporation (CSSC) angenommen und auf die Werften verteilt. Die bis zum Jahr 2000 angepeilten 10% Marktanteil konnten mit einer gewissen Verzögerung im Jahr 2003 erreicht werden (vgl. Abb. 3.2). Gründe für das Wachstum sind hauptsächlich die Reduzierung der Wettbewerbsdefizite, wie schlechte Produktivität, Qualitätsmängel, unbeholfenes Management, ineffiziente Planung, Korruption und die Unkenntnis über internationale Gepflogenheiten. Dabei hat die Produktivität deutliche Verbesserungschancen, da die Firmen nicht unter freiem Wettbewerb, sondern sozialistisch geführt werden – mit einer entsprechenden Personalüberbesetzung. 1999 wurde deshalb eine Zweiteilung in zwei regional konzentrierte Blöcke unternommen. Der südliche Bereich davon ist weiterhin in staatlicher Hand, während der nördliche Standort seine Handelsbeziehungen frei von zwischengeschalteten staatlichen Instanzen ausführen kann. Beide Blöcke kooperieren miteinander, um Effizienzsteigerungen, Bündelung von Know-how und Kapital, sowie Steigerung der Personalauslastung zu erreichen. Die Expansion der chinesischen Schiffbauindustrie, beispielsweise mit dem weiteren Kapazitätsausbau auf insgesamt sieben VLCC-Docks führt zu immer höheren Marktanteilen, wobei der Trend ein starkes Wachstum anzeigt. Im Vergleich verfügt Südkorea über zwölf und Japan über neun solcher Docks. Zudem zeichnet sich die Branche durch stärker werdende Professionalität aus, was auch die Zusammenarbeit mit deutschen Zulieferern oder Joint-Ventures mit ausländischen Unternehmen bewirkt und die Durchsetzung im Markt unterstützt (EICH-BORN 2005b, S. 117ff.).

Die Auftragseingänge im chinesischen Schiffbau zeigen mit 51% eine sehr deutliche Dominanz an bestellten, leicht zu fertigenden Massengutschiffen (vgl. Abb. 3.5). Die anderen Schiffstypen sind von sekundärer Bedeutung, jedoch sind mit Containerschiffen und Rohöltankern (zusammen 22%) auch komplexer zu konstruierende Schiffstypen in China bestellt worden. Die Gesamtbestellmenge lag bei 62,01 Mio. CGT (eigene Berechnungen nach VSM 2009, S. 77).

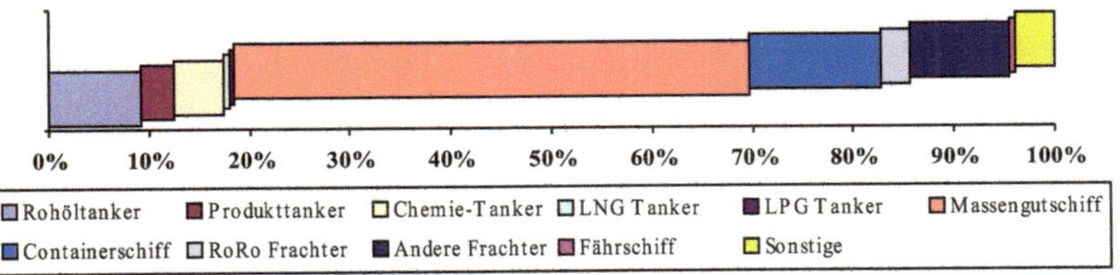

Abb. 3.5: Auftragsbestände Japans am 31.12.2008 in tausend CGT nach Schiffstyp
(e. D. nach VSM 2009, S. 77)

3.2.4 Wichtige Schiffbauländer Europas

Europa gilt als die Wiege des Schiffbaus, jedoch setzte der Niedergang der Schiffbauindustrie mit der Ölkrise in den 1970er Jahren ein, dessen Tiefpunkt 1988 erreicht war. Die Länder der damaligen *Association of European Shipbuilders and Shiprepairers* (AWES)[10], reagierten auf die asiatische Konkurrenz mit Kapazitäts- und Personalabbau. Während angestammte Nationen wie England und Schweden fast gar keinen Schiffbau mehr betreiben, konnten andere Nationen durch den staatlichen Status mancher Werften oder wegen Synergieeffekte eine Beschäftigtenbegünstigung bewirken. In Italien und Finnland gelang es aufgrund vorteilhafter Nischenproduktion (Kreuzfahrtschiffe), den Schiffbau weniger stark dezimieren zu müssen, während in Westdeutschland der Personalabbau höher war als im europäischen Durchschnitt. Der europaweit unterschiedlich hohe Rückgang der Beschäftigten (in Westdeutschland sanken die Beschäftigtenzahlen von 1973 bis 1989 von knapp 72.000 auf 30.000) lag bis 2005 insgesamt bei 82,6%, in der gleichen Zeit fand jedoch ein massives Auslagern von Produktionsbereichen statt. Im Jahr 2002 kamen auf 101.338 direkt Beschäftigte schließlich noch einmal 250.000 indirekt Beschäftigte. (EICH-BORN 2005b, S. 122f.). Zum Vergleich wurden 1989 noch 70% des Wertschöpfungsanteils eines Schiffes durch das Schiffbauunternehmen selbst erbracht. Heute sind es je nach Typ nur noch 25 bis 40% (EICH-BORN 2005, S. 59). Dabei konnten deutsche Zulieferer 2008 vor allem an den Handelsschiffneubauaufträgen bei Werften in China und Süd-Korea partizipieren. Deutsche Auftraggeber bestellen nämlich häufiger unter der Voraussetzung, dass bestimmte Bausteine aufgrund der hohen Qualität und Zuverlässigkeit von deutschen Zulieferern kommen (VSM 2008, S. 33).
Die europäischen Strukturen in der Werftindustrie unterscheiden sich grundlegend von den asiatischen Marktteilnehmern. Der Großteil des Schiffbaus ist nicht auf ein paar wenige, große Werften aufgeteilt, eher findet die Menge der Produktion dispers verteilt statt. Dadurch können sich die Werften auch nicht in unterstützende Branchen wie z.B. den Stahlbau einbinden. Dafür entwickelten sich Zusammenschlüsse und Kooperationsbeziehungen, beispielsweise für gemeinsame Materialbestellungen und den Austausch von Montagearbeitern bei großen

---

[10] Seit 2004 ist die AWES mit dem Committee of EU Shipbuilderrs Associations zusammengefasst in der Community of European Shipyard Associations (CESA)

Schiffbauunternehmen oder Gemeinschaftsgründungen mittelständischer Serienschiffbauer.

Um den asiatischen Wettbewerbsverzerrungen entgegenzutreten wurde mit Subventionen verschiedener Art versucht, sich Marktanteile zu sichern. Darunter waren Werft-, Reeder-, Investitions-, Auftrags-, Wettbewerbs- und Umstrukturierungshilfen (Eich-Born 2005, S. 56). Diese konnten jedoch die Verluste nicht verhindern. Seit 1987 sind Schiffbausubventionen in der EU grundsätzlich nicht mehr zulässig. So wird nach einer zu diesem Zeitpunkt eingeführten EU-Sonderregelung den Mitgliedsländern erlaubt, nur noch direkte Baukostenzuschüsse für bestellte Schiffe zu tätigen. Mit der sukzessiven Absenkung der Höchstgrenzen und gleichzeitigen Verhandlungen mit den asiatischen Schiffbauländern sollte langfristig eine weltweite normale Marktsituation ohne Verzerrungen wiederhergestellt werden. Denn damit einher ging der Entwurf eines OECD-Abkommen, das Praktiken verbieten sollte, die sich mit normalen Wettbewerbsbedingungen nicht vereinbaren ließen. Aufgrund von Gegenwehr der US-Amerikaner trat dies allerdings nicht in Kraft, weswegen bis heute Werftstützungszahlungen getätigt werden können, die den Bau von solchen Schiffen unterstützten, bei denen europäische Werften stark benachteiligt sind. In Deutschland lag der Anteil 2005 bei 6% (Eich-Born 2005b, S. 123ff.).

Die europäischen Schiffbauunternehmen befinden sich also in einer schwierigen Marktlage, was mehrere Strategien mit sich zog. Die partielle Einstellung des Neubaus und Umstellung auf Reparatur- und Umbauleistungen, Marktnischenorientierung, sowie die Herstellung von Marineschiffen sollte neue Auftragsfelder sichern. Durch die Vergabe von militärischen Aufträgen nahm die Politik teilweise direkten Einfluss auf die Nachfrage. 1989 waren im Handelsschiffneubau nur noch 45% der westdeutschen Werftbeschäftigten tätig. Zudem versuchten sich einige Werften durch Diversifizierungsstrategien von den Marktbedingungen unabhängiger zu machen. So werden z.B. Stahl- und Maschinenbauprodukte oder besondere Kunststofffertigungen für Yachtrümpfe in den „ehemaligen" Werften gefertigt. Zudem erfolgte eine Umstellung auf den Bau von nicht frachttragenden Schiffen wie Forschungsschiffen oder Patrouillenboote (ebenda, S. 126).

In Abbildung 3.6 sind die Auftragsbestände der bedeutendsten europäischen Schiffbauländer am 31. Dezember 2008 dargestellt, darunter Deutschland, Türkei, Rumänien und Italien. Die sehr geringen Anteile im Segment für einfache

Massengutfrachter und Öltanker deuten auf die Umstellung der Neubaubranche auf wertschöpfungsintensive, hochwertige Spezialschiffe: Während die Aufträge zum Bau von ausstattungsintensiven Kreuzfahrtschiffen in Asien nicht erwähnenswert sind, liegt der Anteil bei den oben genannten Ländern bei 26%, Containerschiffbau bei 18%, Chemietanker bei 17% und auch der Anteil der Fährschiffe ist mit 7% deutlich über den Werten aus Asien. Auftragseingänge von Deutschland, Türkei, Rumänien und Italien belaufen sich auf insgesamt 9,8 Mio. CGT. Europaweit wurden Schiffe mit insgesamt 18 Mio. CGT geordert (eigene Berechnungen nach VSM 2009, S. 76f.).

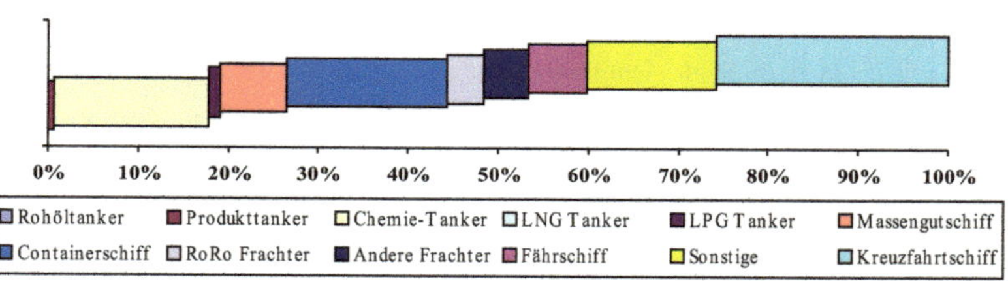

Abb. 3.6: Auftragsbestände der vier bedeutendsten europäischen Schiffbaunationen am 31.12.2008 in tausend CGT nach Schiffstyp (e. D. nach VSM 2009, S. 77)

3.3 Internationalisierung

Der Verlust von Marktanteilen Europas und der gleichzeitige Gewinn von Marktanteilen asiatischer Schiffbaunationen (vgl. Kap. 3.1) erklärt sich durch die enormen Preisunterschiede der angebotenen Hauptschiffstypen. Gründe dafür sind die auf der einen Seite durch die jeweilige Innenpolitik eingeleiteten staatlichen Subventionen, sowie günstige Kredit- & Zinsbedingungen, die niedrige Preise ermöglichen. Zudem haben die asiatischen Länder ebenfalls große Preisvorteile durch geringere Arbeits- und Materialkosten[11]. Die beiden zuletzt genannten Wettbewerbsvorteile sind dementsprechend in der Reife- bzw. Standardisierungsphase der Produktzyklustheorie der Grund für die Marktentwicklung der asiatischen Schiffbaunationen, da die Standortfaktoren dieser Länder den beiden Phasen stärker entsprechen als die Standortfaktorenausstattung Europas. Aufgrund des Drucks durch den Preiswettbewerb und neue Auftragsfelder

---

[11] geringere Arbeitskosten durch höher zu leistende Jahresarbeitsstunden bei geringerer Entlohnung (EICH-BORN 2005, S. 55), geringere Materialkosten beispielsweise durch Eingliederung von Stahlwerken zu Werftstandorten (vgl. Kap. 3)

bleibt wissenschaftliches und technisches Fachpersonal, sowie ein gutes Management ein nicht unwichtiger Standortfaktor[12] (Merkmal der Reifephase), da Wissenstransfer und Produktänderungen erforderlich sind. Jedoch besitzen diese Standortfaktoren nicht mehr die enorme Bedeutung wie in der Innovationsphase, die in Europa lokalisiert war und ist. Dank modernster digitaler Design- und Prozesstechnologie wird in Europa die Produktivität erhöht und dadurch der teure Faktor Arbeit und Kapital substituiert (EICH-BORN 2005, S. 58). Auf der anderen Seite können einfache Standardschiffstypen in Asien entsprechend der Standardisierungsphase der Produktzyklustheorie dort billiger konstruiert werden, da ausreichend Kapital und eine hohe Anzahl an günstigen Arbeitern zur Verfügung steht. Die abnehmenden Marktanteile Europas bestätigen die Hypothese der Produktzyklustheorie, dass mit zunehmendem Reifegrad einer Industrie nur noch eine geringe Kontrollspanne des ursprünglichen Technologiegebers gegenüber dem Empfänger (Japan, Südkorea und China) bestehe (EICH-BORN 2005b, S. 103). Das Wissen wurde während der früheren Innovationsphase in Europa durch die Verfügbarkeit von wissenschaftlich-technischem Fachpersonal, ausreichenden Managementqualitäten und dem Vorhandensein von externen Zulieferern generiert. Nach dem Abklingen der Innovationsphase folgte ein direkter Wissenstransfer von etablierten Unternehmen in asiatische Staaten (EICH-BORN 2005b, S. 110). Zudem wurde beispielsweise in Südkorea in den 1970er Jahren die technologische Kapazität unter anderem durch die Einfuhr von Maschinen und dem durchgeführten „reverse engineering" ausgebaut (HASSINK 2006, S. 64).

Das unterschiedliche Auftragsspektrum an verschiedenen Schiffstypen (vgl. Kap. 3.2) soll nun auf den Standortfaktorencharakter der unterschiedlichen Phasen im Produktlebenszyklus angewendet werden. Dabei setzt der Autor den geringeren Ausstattungsgrad von bestimmten Schiffen gleich mit einer höheren Stufe der Standardisierung. Europa ist als jener ursprüngliche Technologiegeber gut ausgestattet mit wissenschaftlichem und technischem Personal und externen Zulieferern. Diese Standortfaktorenausstattung erklärt den hohen Anteil der Bestellungen von komplex ausgestatteten Schiffstypen wie z.B. Kreuzfahrtschiffe (vgl. Abb. 3.6) und deutet darauf hin, dass nur eine Spezialisierung der Werften auf ausstattungsintensive Produkte das Weiterbestehen der europäischen Branche sichern kann. Südkorea hat in seinen eingegangenen Aufträgen (vgl. Abb. 3.4) ein

---

[12] China konnte seine Marktanteile erst ausbauen, nachdem Defizite in Qualität, Produktivität und Management überwunden waren (EICH-BORN 2005b, S. 118).

weites Spektrum, sowohl an Schiffstypen mit höherem Ausstattungsgrad (Containerschiffe, Rohöltanker) als auch an einfachen Schiffstypen (Massengutfrachter). Die vorausgesetzten Standortfaktoren entsprechen der Reifephase. Japan und China fertigen überwiegend einfache Massengutschiffe, die hauptsächlich Standortfaktoren der Standardisierungsphase erfordern (vgl. Abb. 3.3 & 3.5). Die Darstellung 3.7 soll das eben Beschrieben verdeutlichen.

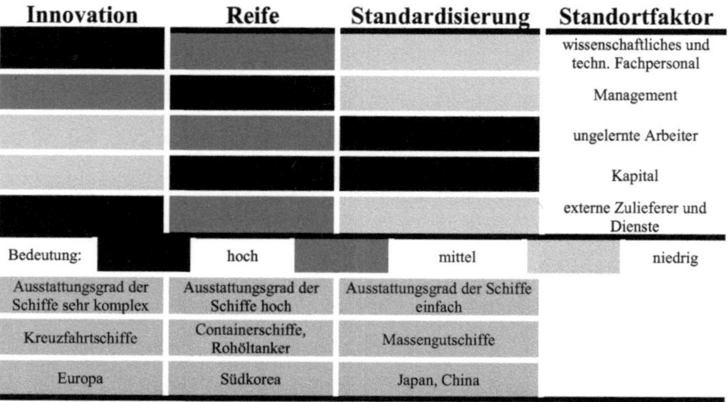

Abb. X: Bedeutungswandel von Standortfaktoren im Produktlebenszyklus in Bezug auf die Ausstattungsqualität von bestimmten Schiffstypen in Relation auf die dominierenden Produktionsländer (ergänzt und verändert nach BATHELT 2003, S. 231)

4. Nachfrageentwicklung

Das folgende Kapitel befasst sich zunächst mit der Nachfrageentwicklung bis zum Jahr 2006 mit einer anschließenden Darstellung der Handelsströme zwischen Asien, Europa und Nordamerika. Nach der Diskussion über das Auseinanderklaffen von Kapazität und Nachfrage mit ihren Gründen und Problemen wird die Nachfrage in Anlehnung an Kapitel 3.2 noch einmal nach den spezifischen Schiffstypen aufgeschlüsselt und untersucht. Eine Betrachtung unter dem Gesichtspunkt der derzeitigen Wirtschafts- und Finanzkrise beendet das Kapitel zur Nachfrage.

4.1 Nachfrageentwicklung bis 2006

Die globale Entwicklung in der Schiffbauindustrie findet seit dem zweiten Weltkrieg statt und ist seitdem von starken, zyklischen Nachfragebedingungen geprägt. In den 1960er Jahren kam es zu einer erhöhten Nachfrage nach Schiffen. Durch den Bedeutungsgewinn des Erdöls als Energieträger (Heizöl) und als Rohstoff für die chemische Industrie wurde der damalige Aufschwung im Wesentlichen durch einen erhöhten Bedarf an Tankerschiffen getragen, die damals das innovative Schiffsprodukt darstellten (EICH-BORN 2005, S. 54). Dies führte zu einem Anstieg der Ablieferungen und gipfelte mit einem Hoch von 34 Mio. GT im Jahr 1974. Die Ölkrise von 1973 bedingte einen zeitverzögerten Einbruch der Nachfrage und einen Tiefpunkt der Ablieferungen im Jahr 1988 mit nur noch 10,9 Mio. GT. Seitdem befand sich der internationale Schiffbau bis zum Jahr 2008 wieder in einer fast kontinuierlichen Wachstumsphase (vgl. Abb. 4.1). Der Anstieg betrug im jährlichen Durchschnitt 9,8%, schrumpfte maximal um 5,7% im Jahr 1994 und hatte teilweise Raten von 21,3% (eigene Berechnung nach VSM 2007, S. 82).

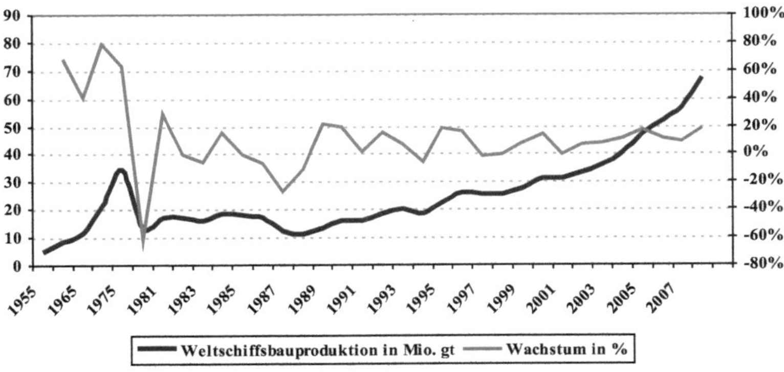

Abb. 4.1: Entwicklung des Weltschiffbaus (e. D. und Berechnung nach VSM 2009, S. 82)

Der Grund für die steigende Nachfrage war die Zunahme des Welthandels mit einer verstärkten „Containerisierung" der Handelswaren. Aufgrund der im asiatischen Raum herrschenden Preisvorteile erwerben Reedereien neue Schiffe überwiegend dort (vgl. Kap. 3 & 4.2; EICH-BORN 2005, S. 54). In der Abbildung 4.1 ist weiterhin zu erkennen, dass die Asienkrise in den späten 1990er Jahren so gut wie keine Auswirkungen auf die Nachfrage hatte. Das lag unter anderem daran, dass die zahlreichen Auftragsbestände die geringere Nachfrage während der zweijährigen Asienkrise ausgleichen konnten und ein Großteil der Auftraggeber-Nationen aus Europa und nicht aus den asiatischen Nationen des Schiffbaus stammt (vgl. Abb. 4.2). Letzteres wird deutlich bei der Betrachtung der führenden Auftraggeber-

Nationen im Weltauftragsbestand. Der europäische Wirtschaftsraum kontrolliert die Welthandelsflotte zu 38% und liegt damit an erster Stelle vor China mit 11% und Japan mit 9%. Die gesamtwirtschaftlichen Wachstumsraten in den asiatischen Staaten haben jedoch einen sukzessiven Anstieg der Schiffsnachfrage auch aus diesem Raum zur Folge, weswegen sich die prozentualen Verteilungen im Laufe der nächsten Zeit ändern werden (VSM 2009b, S. 9f.).

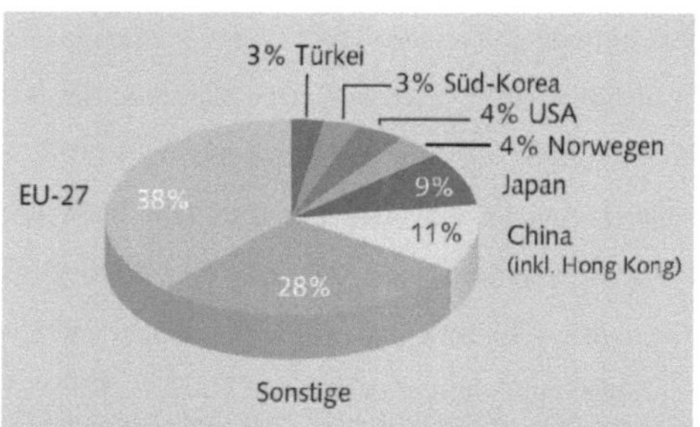

Abb. 4.2: Führende Auftraggeber-Nationen im Weltauftragsbestand (CGT) per 30.06.2009 (VSM 2009b, S. 9)

Als Auswirkung der Asienkrise kann man dennoch einen Vertrauensverlust seitens der europäischen Reedereien sehen, weshalb deren Nachfrage in Europa anstieg, was zeitverzögert in den Jahren 1999/2000 beispielsweise dem ostdeutschen Schiffbau überhaupt an seine Kapazitätsgrenze brachten. In den danach folgenden Jahren sanken durch Dumpingpreise und die Verringerung von EU-Hilfen die europäischen Umsätze zudem wieder.

4.2 Handelsströme

In Abbildung 4.3 sind die Produktionsanteile und Handelsströme in der Schiffbaubranche für den Zeitraum 2000 bis zum ersten Halbjahr 2004 dargestellt. Die Triademärkte sind die AWES-Länder (siehe Fußnote 6, S. 11), sowie Nordamerika und Südostasien. Insgesamt wurden in diesem Zeitraum Schiffe mit einem Volumen von 150 Mio. CGT von den Schiffbaunationen abgeliefert. In der Abbildung veranschaulichen die grau eingefärbten Segmente der Innenkreise die jeweiligen Anteile an der globalen Produktionsmenge. Danach fallen 86,4% der Weltschiffbauproduktion für diesen Zeitraum auf Südostasien. Lediglich 9% der konstruierten Schiffe wurden in Europa hergestellt und der Anteil von Nordamerika ist verschwindend gering. Der Intrahandel, also das Überschreiten des Produktes nach Ablieferung über mindestens eine Grenze im gleichen Wirtschaftsraum wird durch die umlaufenden Pfeile dargestellt, die um die Innenkreise gelegt sind. Demnach ist der Binnenmarkt in Europa mit 65% wesentlich stärker ausgeprägt als in Südostasien, wo nur 15% der Produkte innerhalb des Wirtschaftsraumes, jedoch nicht im eigenen Land verbleiben. Im europäischen Markt überschreiten im Durchschnitt 10,3% der gebauten Schiffe die Grenzen des Produktionslandes nicht und 75,3% der Schiffbauproduktion verbleibt in Europa. Der Exportanteil im Interhandel, dargestellt durch die schwarzen Pfeile zwischen den Wirtschaftsräumen, ist mit nur 24,7% geringer als in Ostasien. Dort hat er ein Volumen von 43,4% für europäische Reedereien und 3,9% für den Absatz in Nordamerika (insgesamt 47,3%). Im dargestellten Zeitraum wurden knapp ein Drittel der Schiffe (32,8%) für das jeweilige Inland gebaut. Ein Grund dafür ist die Unterstützung durch politisch institutionalisierte Bindung einheimischer Reedereien an nationale Schiffbauunternehmen. Die Nachfrage aus dem Inland hat neben dem Einsparungspotential in der Produktion eine zusätzlich beschleunigende Wirkung auf Tempo und Art der Verbesserungen und auf die Innovation (EICH-BORN 2005, S. 55).

Zusammenfassend kann gesagt werden, dass Europa eine bedeutende Rolle für seinen eigenen Binnenmarkt spielt, während Länder aus Südostasien für den Export oder den jeweils eigenen, nationalen Markt produzieren. Nordamerika nimmt in der Triade eine untergeordnete Position ein (EICH-BORN 2005b, S. 137f.).

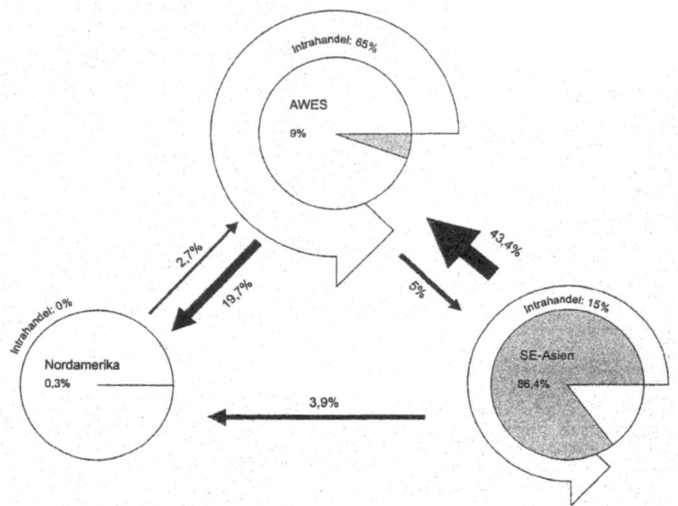

Abb. 4.3: Produktionsanteile und Handelsströme der Schiffbaubranche in der Triade 2000 bis einschließlich erstem Halbjahr 2004 (150 Mio. CGT) (EICH-BORN 2005, S. 55)

Ein hoher Einfluss der Wechselkursentwicklungen auf die eben beschriebenen geographischen Handlungsströme ist nicht zu unterschätzen. Die Schiffbauaufträge werden in der Regel über US-Dollar abgewickelt, weswegen der Wechselkurs der jeweiligen Schiffbaunation und jener der Konkurrenten wichtig bei der Bestellung eines Schiffes ist. Beispielsweise wird es bei der Abwertung der Währung eines Landes wie beim Won in Südkorea für eine europäische Reederei immer lukrativer, in diesem Land zu bestellen, da der Preis für das Produkt relativ sinkt. Jedoch kann es bei einer Abwertung auch zu Problemen für die Schiffbaunation kommen, wenn benötigte Importe von Materialien oder Maschinen zu einem höheren Preis führen. Dies kann auch geschehen, wenn das Importland eine stabile Währung hat und die Währung im gewählten Exportland steigt (vgl. EICH-BORN 2005b, S. 138ff.).

4.3 Kapazität und Nachfrage

Die Zukunft jeder Branche ist abhängig von der Relation zwischen Angebot und Nachfrage. Dabei wirkt es sich sehr negativ aus, dass das jährliche Nachfrage- und Kapazitätsangebot der Schiffbauindustrie zunehmend auseinander klafft, „da die Bedingungen eines freien Marktes durchbrochen wurden" (EICH-BORN 2005, S. 56).

Die zyklische Bindung koppelt hohe Zuwachsraten in der Weltwirtschaft mit einem verstärkten Handel und damit einer erhöhten Schiffbaunachfrage (vgl. Kap. 4.1). Bei einer rückläufigen Schiffbaunachfrage infolge von Stagnation oder Schrumpfung des Handels oder einer abgeschlossenen Umstellung der Flotte nach geänderten Sicherheitsbedingungen sollte zeitverzögert auch ein Rückbau von Kapazitäten stattfinden. In Kap. 3.2.2 wurde am Beispiel der südkoreanischen Schiffbauindustrie gezeigt, dass Kapazitäten anders als in Japan nicht in einer Boomphase, sondern in den 1980 Jahren sogar antizyklisch ausgebaut wurden (vgl. Abb. 3.2 & 4.1). China baut zu Beginn des 21. Jahrhunderts seine Kapazitäten zeitgleich mit einer Wachstumsphase stark aus, obwohl vorhandene Kapazitäten bei verbleibenden Auslastungsspielräumen den Nachfrageboom bewältigen könnten. Für die Zukunft muss mit einer weiteren Verschlechterung der Lage gerechnet werden, zumal die aktuelle Finanz- und Wirtschaftskrise die Nachfrage stark vermindert, gar fast gestoppt hat (vgl. Kap. 4.4). Trotzdem ist zeitgleich geplant, vorhandene Werften in erheblich größeren Dimensionen an anderen Standorten neu zu errichten. Eine spekulative Marktüberhitzung wurde verstärkt durch expandierende, asiatische Werften, die trotz fehlender Erfahrung und Kapazitäten und ohne Rücksicht auf die Lieferfähigkeiten die Lieferungen buchten, um mit den hohen Anzahlungen den Auf- und Ausbau der Werftanlagen zu finanzieren (VSM 2009, S. 53). Ein Kapazitätsüberangebot setzt Schiffneubaupreise zusätzlich unter Druck. Dadurch verringert sich die Gewinnspanne und Schiffe werden teilweise sogar unter Materialkosten verkauft, um Marktanteile zu sichern (EICH-BORN 2005, S. 56).

4.4 Schiffstypbezogene Nachfrage

4.4.1 Ablieferungen nach Schiffstypen

Als sog. Volatilität des Marktes können sich von Jahr zu Jahr erhebliche Nachfrageschwankungen je Schiffstyp ergeben. Neue Sicherheitsbestimmungen führten z.B. zu einer erhöhten Nachfrage von Doppelhüllentankern (vgl. Fußnote 3) und die Terroranschläge vom 11. September 2001 zogen einen Nachfragerückgang im Passagierschiffbau nach sich. Selbst vermeintlich sichere Sparten unterliegen starken Schwankungen, wie z.B. der Containerschiffbau. Die Betriebe müssen eine zügige und kostengünstige Umstellung der Produktionsanlagen ermöglichen (EICH-

BORN 2005, S. 56) und entsprechende Flexibilisierungsstrategien entwickeln und einsetzten (EICH-BORN 2005b, S. 135).

Abb. 4.4 zeigt die unterschiedliche Nachfrage nach spezifischen Schiffstypen. Der zunächst zunehmende Trend für Rohöltanker auf 21,7% wurde wieder relativiert auf 9,4% und steht im Zusammenhang mit einem Nachfragewachstum aufgrund der Doppeltankerproblematik. Höhere Ablieferungen an Spezialtankern machen heute fast ein Drittel der Ablieferungen aus. Eine abnehmende Ablieferungszahl bei Massengutschiffen, Fischereifahrzeugen und Passagierschiffen ist ebenfalls deutlich zu erkennen, wobei unter letzterem vor allem die europäischen Werften zu leiden haben. Bei Containerschiffen und Stückgutfrachtern ist der Trend so gut wie gleichbleibend.

Die größten Spannweiten hatten die bereits erwähnten Spezialtanker (zwischen 10,4 und 30,1%), deren geringste Fertigungsmenge 2001 war und heute am höchsten ist. Weiterhin bestanden große Unterschiede bei Containerschiffen (1999: 12,2%, 2006: 30,1%), Massengutschiffen (2003: 12,7%, 2001: 29,3%) und Rohöltankern (1997: 6,3% und 2003: 21,7%).

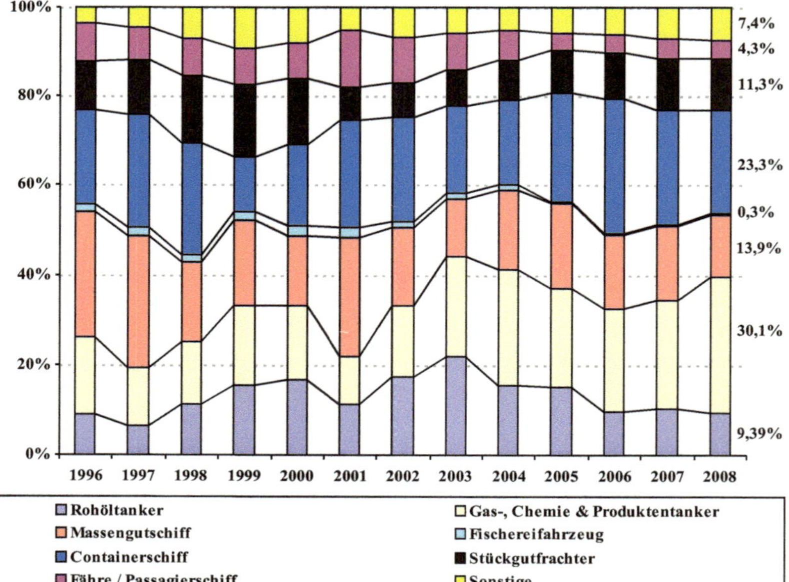

Abb. 4.4: Volatilität des Schiffbaumarktes: Ablieferungen auf CGT-Basis nach Schiffstypen 1996-2008 (e. D. nach VSM 1998-2009b)

4.4.2   Bevorzugte Standorte

In Kapitel 3.2 wurden die Auftragsbestände der vier Schwerpunktregionen nach Schiffstypen aufgeschlüsselt. In Abbildung 4.5 ist zum Vergleich auf der linken Seite die absolute und auf der rechten Seite die prozentuale Verteilung nach Schiffstypen und Regionen in tausend CGT zum 31. Dezember 2008 dargestellt.

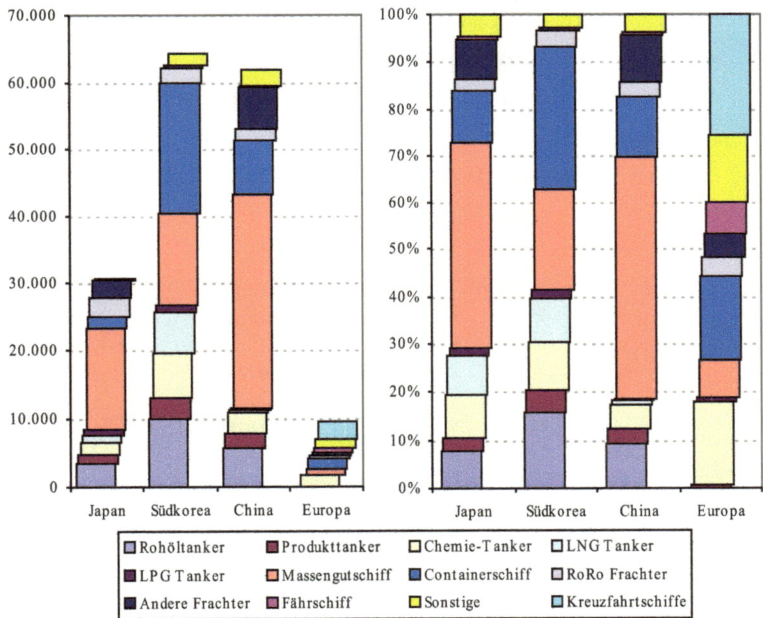

Abb. 4.5: Vergleich der absoluten und prozentualen Auftragsbestände der Schwerpunktregionen Japan, Südkorea, China und Europa nach tausend CGT der bestellten Schiffe zum 31.12.2008 (e. D. nach VSM 2009)

Deutlich zu erkennen ist die Dominanz an bestellten Massengutschiffen, bei denen China absolut und relativ gesehen die Marktführerschaft besitzt. Obwohl jene Schiffe prozentual auch einen Großteil der Auftragsbestände in Japan ausmachen, kann China durch eine mehr als doppelt so hohe Zahl an Gesamtbestellungen überzeugen. Südkorea hingegen ist sowohl prozentual als absolut Marktführer im komplizierteren Containerschiffbau. Fast 30% der südkoreanischen Auftragsbestände wurden durch diesen Schiffstyp generiert, was etwa 30 Mio. CGT entspricht. Japan, China und Europa kommen zusammen auf nur etwas über 12 Mio. CGT. Des Weiteren hat Südkorea die meisten Aufträge für LNG Tanker mit ca. 10%

nationaler Produktionsleistung und ca. 6 Mio. CGT zu produzierenden Schiffen, sowie bei Rohöltankern, mit ca. 10 Mio. CGT und 16% Auftragsvolumen. Die europäischen Werften sind in den eben genannten Schiffstypen weit hinter den asiatischen Konkurrenten, jedoch haben sie die Marktführerschaft für Fährschiffe und Kreuzfahrtschiffe, die zusammen 3 Mio. CGT Bestellungen ergeben und ca. 35% des europäischen Auftragsbestandes ausmachen!

In Europa werden also zu einem großen Teil Schiffe mit sehr hoher Ausstattung nachgefragt (Kreuzfahrtschiffe, Fährschiffe), während Südkorea zum Teil für komplexe Schiffe (Containerschiffe, Rohöltanker, LNG Tanker) favorisiert wird, jedoch auch einfache Schiffe (Massengutschiffe) in einem nicht unbedeutendem Anteil herstellt. In China und Japan überwiegt die Konzentration auf den Bau von einfachen Schiffen, wie Massengutschiffe, wobei die Verteilung bei beiden Ländern bis auf LNG Tanker ungefähr gleich ist (vgl. Tab. 1).

Schiffstypen	Länder
Rohöltanker	**Südkorea (49%)**, China (28%), Japan (17%)
Produktentanker	**Südkorea (41%)**, China (28%), Japan (18%)
Chemietanker	**Südkorea (46%)**, China (22%), Japan (13%)
LNG Tanker	**Südkorea (80%)**, Japan (14%)
LPG Tanker	**Südkorea (48%)**, Japan (33%)
Massengutschiff	**China (48%)**, Japan (22%), Südkorea (21%)
Containerschiff	**Südkorea (56%)**, China (23%)
RoRo Frachter	**Japan (34%)**, Südkorea (25%), China (21%)
Fährschiffe	**Europa (33%)**, China (21%)
Kreuzfahrtschiffe	**Europa (100%)**

Tab. 1: Dominante Auftragsbestände nach Ländern (e. D. nach VSM 2009, S. 77).

4.5   Schiffbau in der aktuellen Finanz- und Weltwirtschaftskrise

Im Jahr 2005 wurde für die Schiffbauindustrie noch ein Wachstum der Nachfrage prognostiziert. Globalisierungseffekte mit einer zunehmenden Containerisierung, die stärkere Konzentrationsprozesse mit erhöhtem Anspruch an sukzessive größer werdenden Schiffen und die hohen Verschrottungspotentiale beim Ersetzen der teilweise sehr alten Flotte durch Abwrackungsmaßnahmen aufgrund von neuen Umweltschutz- und Sicherheitsbestimmungen sollte weiterhin für stabile und wachsende Kurse sorgen (EICH-BORN 2005b, S. 131). Die Schiffbauprognosen verschiedener Schiffbauverbände sagten ein anhaltend hohes Nachfragevolumen für 2000 bis 2015 voraus, obwohl selbst diese Volumen sogar unter den zu erwartenden

Kapazitäten lagen. (EICH-BORN 2005b, S. 141). Bei einer weiteren Verschlechterung wird die Schere zwischen Kapazität und Nachfrage weiter auseinander klaffen (vgl. Abb. 4.6)

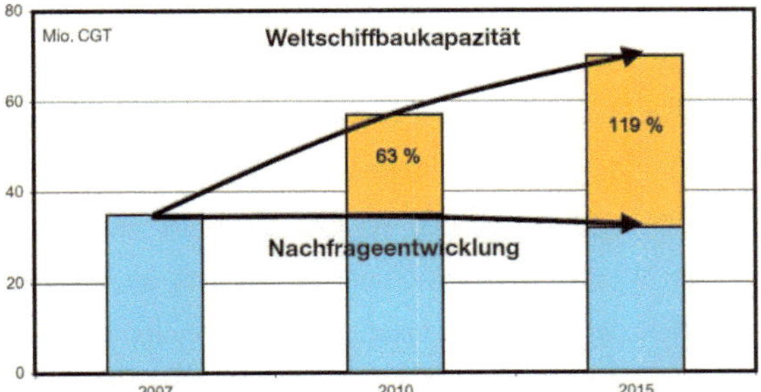

Abb. 4.6: Kapazitäts- und Nachfrageentwicklung (VSM 2009, S. 54)

Selbst in der zweiten Jahreshälfte 2008 war die Nachfrageentwicklung auf einem stabilen, guten Kurs (VSM 2009, S. 45). Durch die internationale Finanz- und Wirtschaftskrise kam es jedoch zu einem Einbruch der Nachfrage mit entsprechenden Folgen für die Güterproduktion und den Welthandel mit einem schockartigen, synchronen Einbrechen der Märkte im viertel Quartal 2008 (VSM 2009, S. 43).

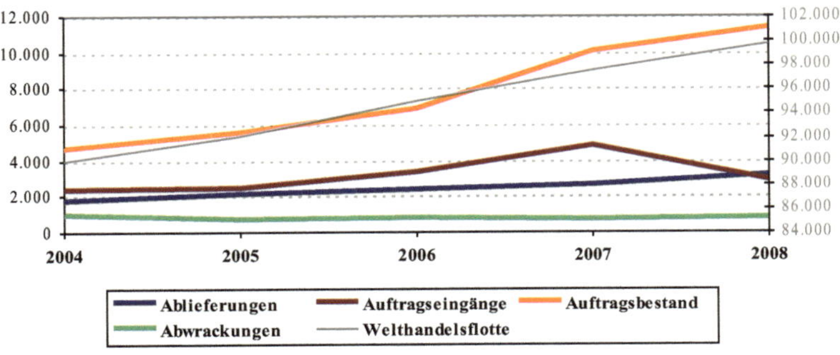

Abb. 4.7: Entwicklung des Weltschiffbaus 2004 bis 2008 (e. D. nach VSM 2009, S. 70)

Wurden in den ersten drei Quartalen 2008 noch jeweils ca. 900 Auftragseingänge in den weltweiten Werften verzeichnet, waren es im 4. Quartal nur noch 100. Der oben erwähnte Rückgang des Welthandels sah dabei wie folgt aus: das hohe Wachstum von 6% im Jahr 2007 verringerte sich 2008 auf 2% und ist auf einen Rückgang von

9% für das Jahr 2009 prognostiziert. Eine geringere Güternachfrage geht einher mit einem geringeren Transportbedarf der weltweiten Handelsschifffahrt (vgl. Abb. 4.7). Es kam zu einem extremen Einbruch der Fracht- und Charterraten insbesondere in der Massengutschifffahrt und im Containerverkehr innerhalb von kürzester Zeit im letzten Quartal 2008. Dabei stieg die Zahl von beschäftigungslosen Schiffen.

Der entstandene Überhang an Flottenkapazität wird verschärft durch die hohe Anzahl der in den Auftragsbüchern stehenden Aufträge, die noch zwischen 2009 und 2011 abgeliefert werden (vgl. Abb. 4.7). Viele Schiffbauländer haben politische Unterstützung für die Branche eingeleitet. So hat Südkorea die Prüfung auf Hilfsbedürftigkeit vieler Werften veranlasst und die chinesische Regierung ein Maßnahmenpaket zur Rettung der Schiffbauindustrie angekündigt. Gerade in den Ländern mit vollständigen oder überwiegend staatlichen Werften drohen drastische Veränderungen der Wettbewerbsrelation durch Markteingriffe der Regierungen (VSM 2009, S. 53).

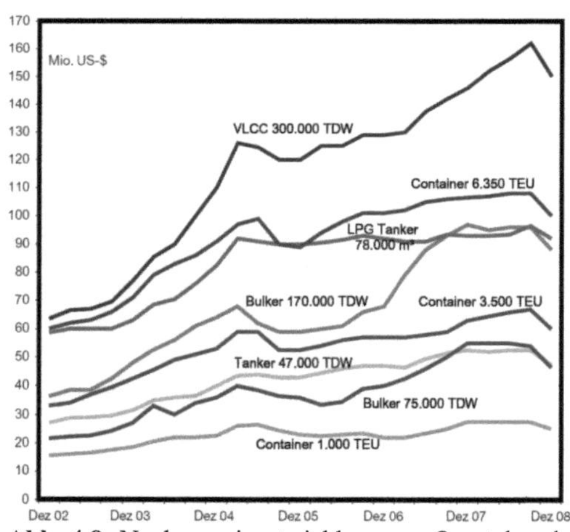

Abb. 4.8: Neubaupreisentwicklung per Quartalsende
(VSM 2009, S. 52)

Der Preisverfall für neue und vor allem gebrauchte Schiffe (vgl. Abb. 4.8) hat negative Auswirkungen auf die Finanzkraft der Reedereien, einhergehend mit einer geringeren Beleihungsfähigkeit und schlechteren Finanzierungsmöglichkeiten für Neubauten.

Im Zusammenhang mit den Überkapazitäten (vgl. Kap. 4.3) wird es zu einem ruinösen Wettbewerb kommen und eine Konsolidierung des Marktes unausweichlich sein (vgl. VSM 2009, S. 53). Folgendes Zitat verdeutlicht jedoch, dass die Finanz- und Wirtschaftskrise nicht der einzige Grund ist für eine drohende Schiffbaukrise: „Es muss (...) eingeräumt werden, dass die Schifffahrtskrise von der Branche mit verursacht wurde und die Weltwirtschaftskrise diese nur verschärft hat. Durch die lange Hochkonjunktur war bei vielen Marktteilnehmern offenbar die zyklische Natur der Schifffahrt in Vergessenheit geraten. Am Ende der vergangenen Boomphase wurden immer häufiger fern jeder ökonomischen Vernunft Schiffe geordert, für die keine Beschäftigung in Aussicht stand" (VSM 2008, S. 44). Eine mögliche Lösung könnte die massive Steigerung der Verschrottung veralteter, unwirtschaftlicher Schiffe sein, die in den vergangenen Jahren viel zu gering ausfiel. Kapitel 5 geht näher darauf ein.

5. Exkurs: Abwrackindustrie im Schiffbau

Der in Kap. 4.5 beschriebene derzeitige Überhang an Schiffen, die zum Teil ohne Beschäftigung in den Häfen aufliegen, könnte durch massive Steigerung der Verschrottung vor allem alter Fahrzeuge verringert werden. Durch die gute Ertragssituation seit 2004 wurden ältere Schiffe länger in Betrieb gehalten als in der sonstigen Zeitperiode. Zwischen 2004 und 2008 wurden im Durchschnitt pro Jahr nur 5 Mio. GT abgewrackt. Zum Vergleich hatte die Welthandelsflotte 2008 ein Volumen von 830,7 Mio. GT bei 99.741 Schiffen, dabei ist jedoch ein Trend Richtung höheren Abwrackzahlen zu erkennen, bedingt durch die Wirtschaftskrise (vgl. Abb. 4.9; VSM 2009, S. 78).

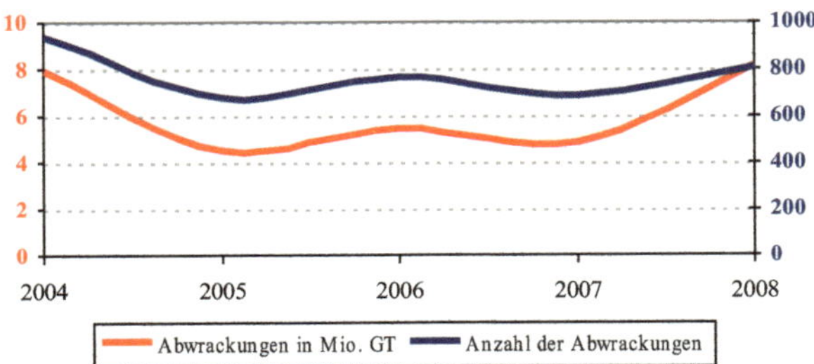

Abb. 4.9: Abwrackungen im Zeitraum 2004 bis 2008 (VSM 2009, S. 70)

Das Durchschnittsalter der Flotte erhöhte sich seit Ende 2003 von 21 auf 22 Jahre. Ein normaler Ersatzprozess hätte Abwrackungen von rund 20 Mio. GT pro Jahr erfordert, anstatt den eben erwähnten 5 GT. In den nächsten Jahren ist demnach ein Volumen von rund 75 Mio. GT an veralteter Tonnage abzuwracken, was jedoch ausreichend Kapazitäten in der Verschrottungsbranche und einen ausreichenden Bedarf an Stahl voraussetzt. Nach Meinung des VSM ist zu befürchten, dass „der Abbau der veralteten Schiffe ohne zusätzliche Anreize und Förderungen viel zu langsam erfolgen wird, um die kurzfristig notwendige Entlastung der Schifffahrtmärkte zu bewirken" (VSM 2009, S. 45).

Abb. 4.10: Arbeiter vor den Resten eines abzuwrackenden Schiffes
(http://newsblaze.com/pix/2007/0609/pix/photo.jpg, 18.01.2010)

Das Geschäft mit dem Abwracken von Schiffen vollzieht sich größtenteils an den Stränden der Länder Indien, Pakistan und Bangladesch. Hervorzuheben ist die Werft von *Alang* in Gujarat, die seit 1983 Abwrackungen durchführt und bekannt ist als der Friedhof der Schiffe[13]. Auf einer Länge von über 11 Kilometern werden dort die Ozeanriesen in den 180 Grundstücksparzellen durch größtenteils unausgebildete Saisonarbeiter mit Handwerkzeugen zerlegt und die Metallteile als Schrott an Stahlwerke verkauft. In der Rezession des Welthandels boomt die Abwrackindustrie und verschafft in Alang bis zu 40.000 Arbeitern einen sehr gefährlichen Arbeitsplatz

---

[13] offizieller Name der Werft in Alang: Alang and Sosiya Ship Breaking Yard, kurz ASSBY (EBNER 2008, S. 24)

(BUNCOMBE 2009). Innerhalb von 10 Monaten bis zum August 2009 wurden 280 Schiffe demontiert, ein Jahr vorher waren es noch 163. Dabei kommt es des Öfteren zu tödlichen Unfällen (YPSA 2009).

Schiffe werden verschrottet, wenn sie nicht mehr benötigt werden, so wie z.B. Autotransporter, für die zur Zeit keine Beschäftigung mehr besteht oder Schiffe, die ein Alter von 35 bis 40 Jahren erreicht haben (BUNCOMBE 2009). Je älter sie werden, desto höher werden die Versicherungsprämien und die Abwrackung wird für die Redereien immer lukrativer.

Zur Verschrottung fahren die Schiffe bei Voll- oder Neumond und damit bei höchster Flut (lokal 13m) mit voller Fahrt an die Strände (beaching), um dort von den ungelernten Arbeiten, die nur mit Hungerlöhnen bezahlt werden, in wenigen Wochen billig zerlegt zu werden (EBNER 2008, S. 23f.). Dies hinterlässt giftige Spuren, wie tausende Tonnen von Asbest[14], gifthaltige Dichtungsmassen, Schwermetalle, Öle und die Anstriche von Schiffswenden, welche teilweise mit Arsen versetzt sind. Die Demontage müsste eigentlich in abgeschlossenen Werften stattfinden.

Zur Besserung der schwierigen Umstände fand sich Mitte 2009 eine Delegation von 700 Personen in Hongkong ein, mit dem Ergebnis, dass Schiffe vor dem Recycling zunächst nach Gefahrenstoffen inspiziert werden müssen. Jedoch bedeutet dies nicht, dass diese Stoffe vorher entfernt werden müssen. Zusätzlich sollen die Abwrackbetriebe einen Entsorgungsplan für die Schiffe erstellen und die Materialien nicht willkürlich entsorgen und verkaufen. Es ist jedoch fraglich, wie schnell diese Beschlüsse umgesetzt werden, da sie noch von den betreffenden Ländern ratifiziert werden müssen (HOELZGEN 2009; BUNCOMBE 2009).

6. Fazit

Der Schiffbau ist seit über 60 Jahren von weltwirtschaftlicher Bedeutung, wobei es seitdem bereits zweimal zu einem Wechsel der Marktführerposition kam und China möglicherweise der neue Marktführer von morgen ist. Beim Bau unterschiedlicher Schiffstypen gibt es sehr einfache oder höchst komplexe Produktionsmethoden, auf die sich einzelne Nationen teilweise spezialisiert haben. Durch Forschung und Entwicklung auf der einen Seite und Produktivitätssteigerungen auf der anderen

---

[14] Sogar in der Türkei liegt Asbest teilweise zu Tonnen auf dem Gelände der Verschrottungsbetriebe rum (YPSA 2009)

Seite wird sich dieses Verhältnis bezogen auf die verschiedenen Schwerpunktregionen immer wieder ändern. In der aktuellen Weltwirtschaftskrise mit einer geringeren Nachfrage und durch verschärfte Sicherheitsstandards ist allerdings je nach den politischen Rahmenbedingungen auch mit zahlreichen Konkursen und Marktverlusten bei Nationen zu rechnen, die bisher Marktanteile steigern konnten, wenn andere Länder durch Wettbewerbsverzerrungen ihre Werften retten wollen. Zuletzt entscheidet auch die Abwrackindustrie mit der angebotenen Verschrottungskapazität über die zukünftige Neubaunachfrage, da sie dafür sorgen kann, den derzeitigen Überhang an nicht benötigten Schiffen zu minimieren. Die nächsten Jahre werden zeigen, ob und inwiefern es drastische Veränderungen in der Verteilung des globalen Schiffbaus geben wird und welche Nationen nach der Krise wieder durchstarten können.

Quellenverzeichnis

BATHELT, H. & GLÜCKLER, J. (2003): Wirtschaftsgeographie, Stuttgart.

BÜCHNER, M. (2007): Die Schiffe weltweit, Frachtschiffe.
<http://martin-buechner.de/frachtschiffe/jahreviking.html> (11.01.2010)

BUNCOMBE, A. (2009): Alang: The place where ships go to die. In: THE INDEPENDET [Hrsg.] (2009): World, Asia.
<http://www.independent.co.uk/news/world/asia/alang-the-place-where-ships-go-to-die-1779656.html> (8.01.2010)

DIETER, H. (2000): Ostasien nach der Krise: Interne Reformen, neue Finanzarchitektur und monetärer Regionalismus. In: Aus Politik und Zeitgeschichte, Internationale Finanzpolitik, B 37-38/2000.
<http://www.bpb.de/publikationen/J333HG,0,Ostasien_nach_der_Krise%3A_Interne_Reformen_neue_Finanzarchitektur_und_monet %E4rer_Regionalismus.html> (12.12.2009)

EBNER, A. (2008): Knotenpunkt der Globalisierung: Die Werft von Alang in Gujarat/Indien, Hamburg.

EICH-BORN, M. (2005): Schiffbau in Europa im Zeitalter der Globalisierung. In: Geographische Rundschau, 57. Jg., H. 12, S. 54 – 61.

EICH-BORN, M. (2005b): Transformation der ostdeutschen Schiffbauindustrie, Münster.

EUROPEAN COMMUNITY, [Hrsg.] (2003a): Overview of the international commercial shipbuilding industry, background report.
<http://ec.europa.eu/enterprise/sectors/maritime/files/industrial/commercial_shipbuilding_industry_en.pdf> (22.12.2009)

EUROPEAN COMMUNITY, [Hrsg.] (2003b): Overview of the international commercial shipbuilding industry, background report, appendicies.
<http://ec.europa.eu/enterprise/sectors/maritime/files/industrial/commercial_shipbuilding_industry_appendices_en.pdf> (22.12.2009)

HASSINK, R. (2006): Der Erfolg des südkoreanischen Schiffbaus und seine Gründe. In: Geographische Rundschau, 58. Jg., H. 9, S. 63 – 67.

HESELER, H. (2000): Der Handelskonflikt im Weltschiffbau zwischen Europa und Südkorea, Bremen.

HOELZGEN, J. (2009): Fluch der schweren Pötte. In: Spiegel Online [Hrsg.]: Wirtschaft, Globalisierung – die Welt nach der Krise, Abwracken von Schiffen.
<http://www.spiegel.de/wirtschaft/0,1518,625197,00.html> (07.01.2010)

INTERNATIONAL MARTITIME ORGANIZATION (IMO) [Hrsg.] (2002): Tanker safety – preventing accidental pollution.
<http://www.imo.org/Safety/mainframe.asp?topic_id=155#double> (11.01.2009)

JAPAN TRANSPORT PROMOTION ASSOCIATION [Hrsg.] (2008): Transport in Japan, Sea vehicles, Shipbuilding process.
<http://www.transport-pf.or.jp/english/umi/07_dekirumade.html> (12.12.2009)

MEYER WERFT GMBH [HRSG.] (2010): WERFT, PRODUKTIONSTECHNIK, DAS BLOCKBAU-BAUPRINZIP.

<http://www.meyerwerft.de/page.asp?lang=d&main=2&subs=0&did=889> (12.01.2010)

MONDFELD, W. (2007): Enzyklopädie des historischen Schiffsmodellbaus, Band 2: Material und Werkzeug. In: MINI-SAIL E.V. [Hrsg.] (2009): Buchbesprechung.

<http://www.minisail-ev.de/them-09ds.htm> (14.12.2009)

NAGEL, J. [Hrsg.] (2009): Die Germanen, Sonstiges, Bilder.

<http://www.diegermanen.de/bilder.htm> (16.01.2010)

OVIDO LIMITED [Hrsg.]: Pub.eu : Schiffbau, Geschichte des Schiffbaus.

<http://83.149.74.172/schiffbau_de.html#Geschichte_des_Schiffbaus> (12.12.2010)

VERBAND FÜR SCHIFFBAU UND MEERESTECHNIK E.V. [Hrsg.] (1998-2009): Jahresberichte (JB) 1997 bis 2008, Hamburg.

VERBAND FÜR SCHIFFBAU UND MEERESTECHNIK E.V. [Hrsg.] (2005-2009b): Schiffbau Industrie, 2005 bis 2009, Hamburg.

VOLKSWERFT STRALSUND GMBH [HRSG.]: Volkswerft Stralsund, Fakten, Produktions- und Materialfluss-Schema.

<http://www.volkswerft.de/german/productionflow.htm> (12.12.2009)

YOUNG POWER IN SOCIAL ACTION (YPSA) [Hrsg.] (2009): Shipbreaking in Bangladesh, Shipbreaking around the world.

<http://www.shipbreakingbd.info/Shipbreaking%20around%20the%20world.html> (8.01.2010)